昆虫日记

善良的蝴蝶

儿童情感体验与情商启蒙故事

张 洋 著

化学工业出版社

·北京·

图书在版编目（CIP）数据

善良的蝴蝶 / 张洋著. —北京：化学工业出版社，2019.7
（昆虫日记）
ISBN 978-7-122-34261-4

Ⅰ. ①善… Ⅱ. ①张… Ⅲ. ①蝶-儿童读物 Ⅳ. ①Q964-49

中国版本图书馆CIP数据核字（2019）第063356号

责任编辑：旷英姿　　装帧设计：大　恒
责任校对：王　静

出版发行：化学工业出版社(北京市东城区青年湖南街13号　邮政编码100011）
印　　装：北京尚唐印刷包装有限公司
710mm × 1000mm　1/16　印张3　字数40千字　2019年7月北京第1版第1次印刷

购书咨询：010-64518888　　售后服务：010-64518899
网　　址：http://www.cip.com.cn
凡购买本书，如有缺损质量问题，本社销售中心负责调换。

定　　价：20.00元　

我是一只漂亮的菜粉蝶，我想要装点美丽的季节。

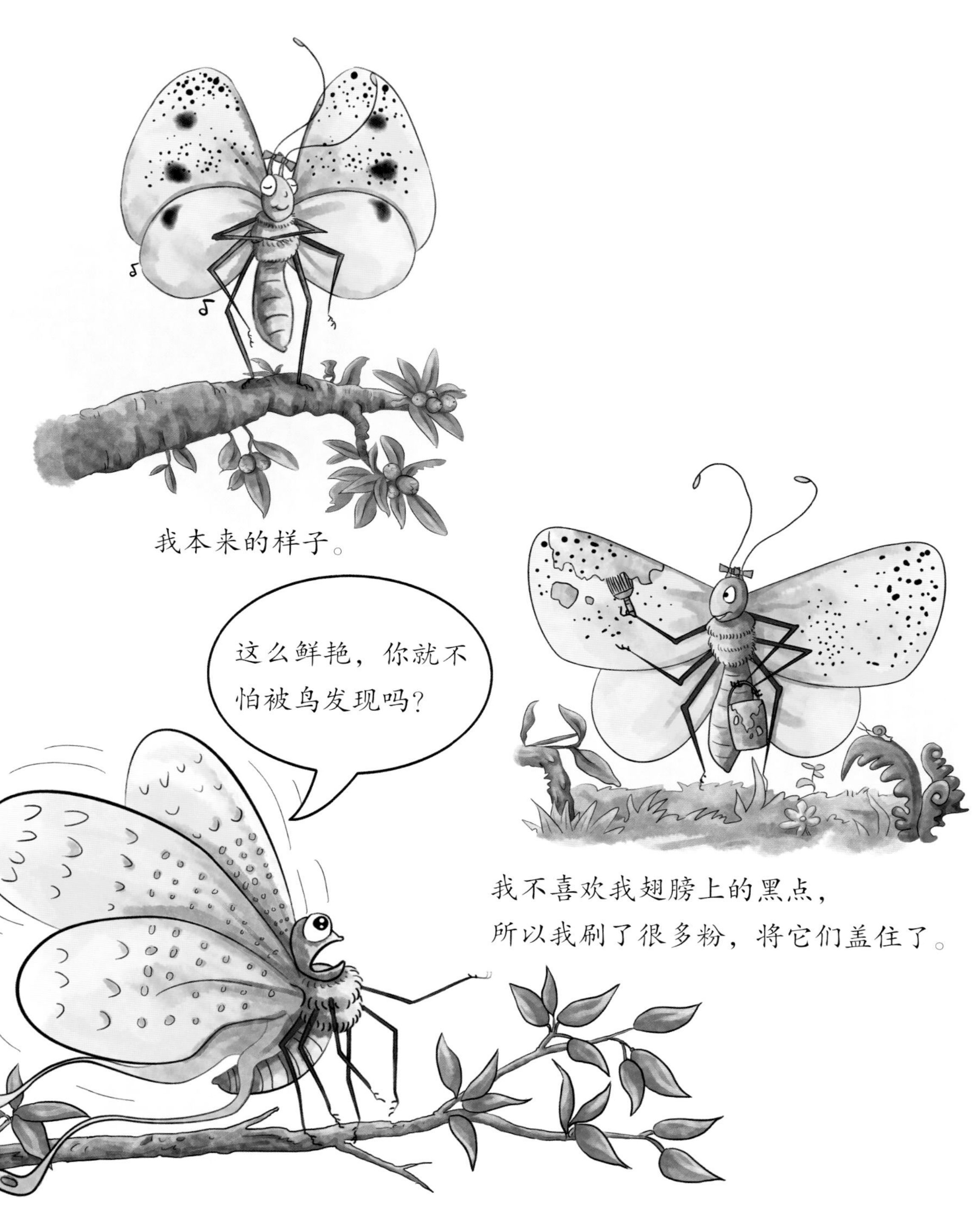

我本来的样子。

我不喜欢我翅膀上的黑点，
所以我刷了很多粉，将它们盖住了。

姐姐看到我的新样子，被吓坏了，
我真的有那么恐怖吗？

7月1日

我是一只菜粉蝶。

我有点不喜欢我身上的黑色斑点，看起来像没洗干净一样。我们菜粉蝶都有这样的斑点，如果我没有，那我就特殊了。可是怎么样才能去掉这些黑色斑点呢？

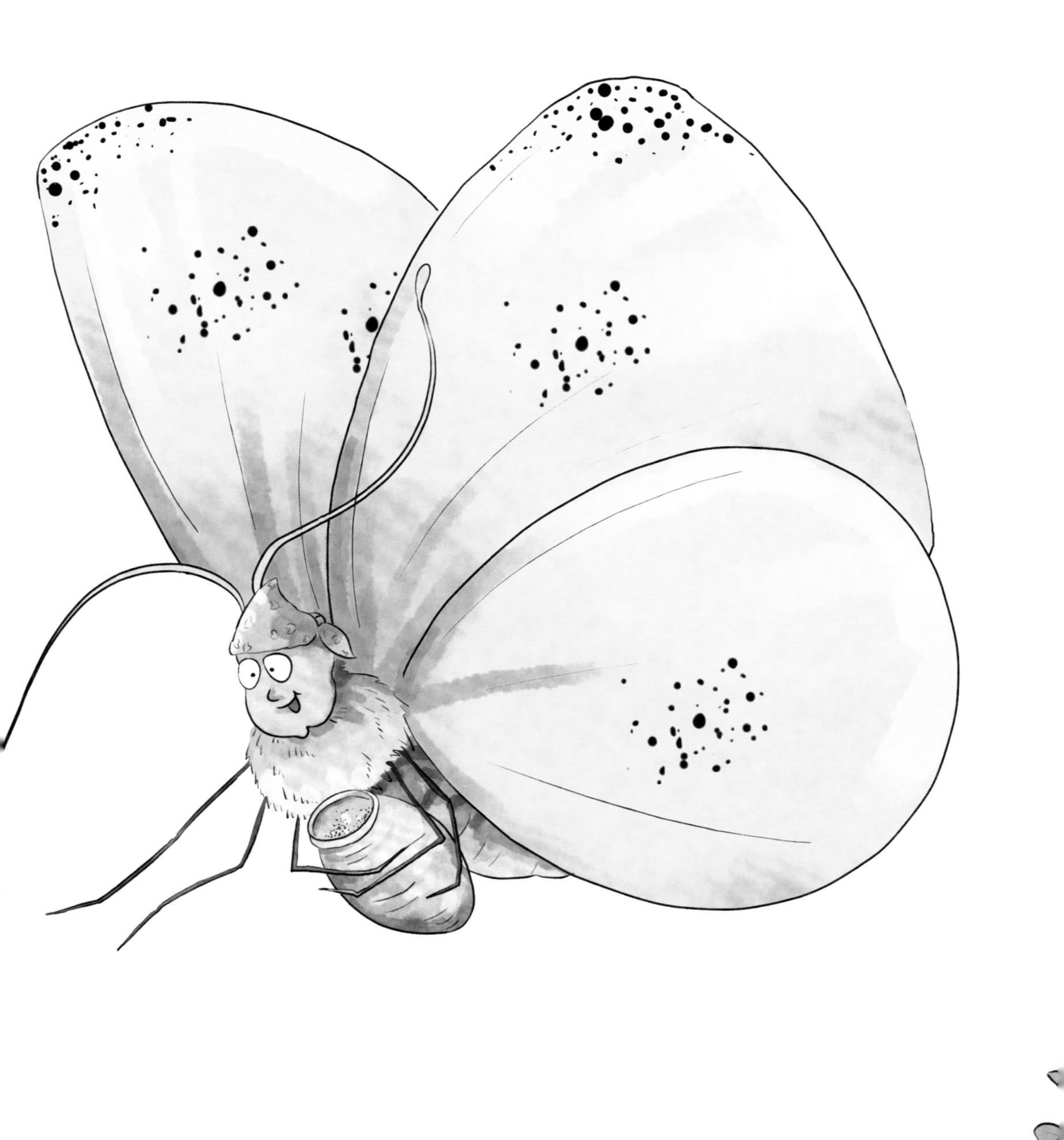

看呀，那么难
看的蝴蝶！

7月2日

卷心菜被菜粉蝶宝宝吃成这样，我有点惭愧。我们真的不想当害虫。可是肚子饿怎么办呢？可以只喝水吗？

7月3日

我刚孵化出来的时候，肚子饿坏了，就把自己的卵壳吃掉了。人类的孩子肚子饿了会不会也吃掉自己身上的衣服呢？我想应该不会，可我们都这样。

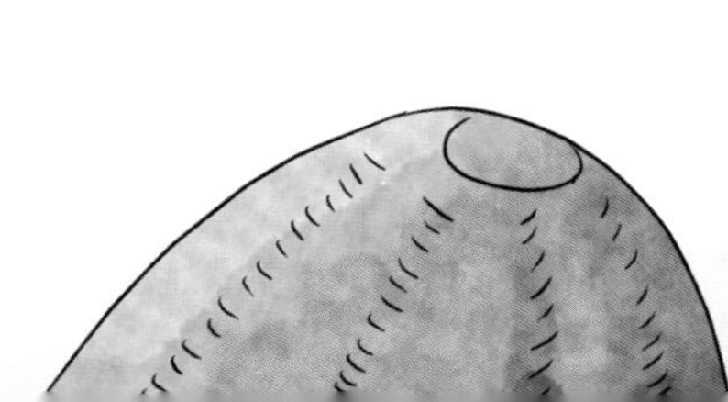

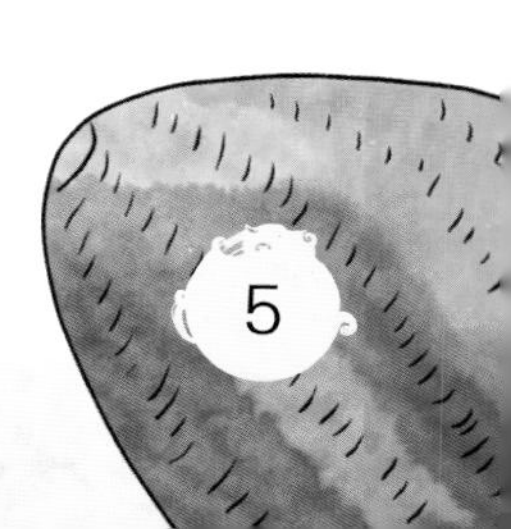

7月4日

今天见到一只笨笨的菜青虫，他在吐丝做脚垫的时候，笨到把自己滑下卷心菜叶，摔得半天没起来。

我偷偷笑了很久。菜青虫是我们结茧以前的样子。

7月5日

你好！

好漂亮啊！

遇见一只触角像梳子一样的虫子，他说他叫小孔雀蛾。原来是蛾子，不是蝴蝶，蛾子也有白天出来活动的吗？我一直以为他们是一群夜间才出来的家伙呢。

不过坦白地说，他真的很漂亮，橘黄色的翅膀上有漂亮的花纹……我有点羡慕他。

7月6日

我们多厉害啊！我们的蛹，在棕色树干上的时候是棕色的，在绿色的卷心菜叶上时就是绿色的，谁都不容易发现我们……

有种叫黄金蚜小蜂的虫子，喜欢把卵产在我们新结的蛹上，这样他们的幼虫一出生就有吃的。真是一群大坏蛋!

我一共换了四身衣服才变成现在这个样子。我本想把我换下的衣服收起来留作纪念，也许是因为太激动了，忘记将衣服马上收起来。等蜕皮以后身体变干时，再去找换下来的衣服，就找不到了。难道是被风吹走了吗？

7月8日

卷心菜叶吃得越多，我的身体就变得越绿，还会长出黑色的斑点。然后就变成了大大的菜青虫。

很多小孩害怕我们的样子，其实我们更怕他们。

今天，小孔雀蛾约我去练习飞行。

我练习盘旋，练习倒着飞，练习随时改变方向地飞。我可不想被鸟吃掉。

后来，小孔雀蛾说他想去找他的女伴，就飞走了。下次他再约我的时候，我不能这么痛快地答应他了。

7月10日

妈妈又下了200多个卵，可是孵化出来的连一半都不到。因为有一部分被赤眼卵寄生蜂的幼虫给吃掉了，他们总喜欢把自己的卵下在我们的卵中间。妈妈很难过，可是也没办法。只希望孵化出来的这些弟弟妹妹能够平安长大。

好美啊！

我最激动的一刻，是从蛹里出来羽化成蝶，飞到空中的时候。多么美丽的大自然啊！

那天我拍了很多照片。我爱臭美吗？也许有一点吧！

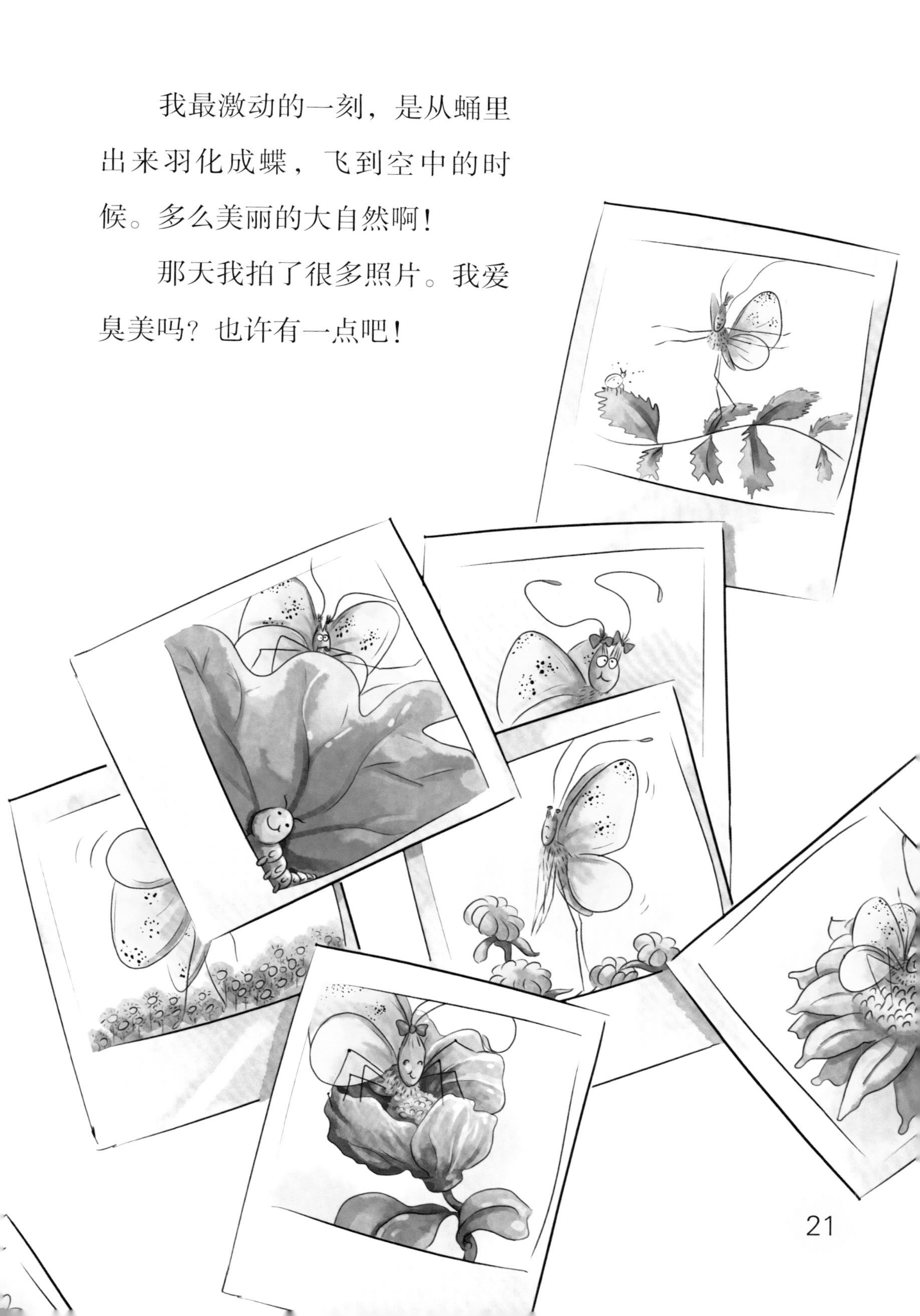

7月12日

今天真危险，我在油菜花上吸食花蜜的时候，后面有一只螳螂偷袭我，幸亏另一只菜粉蝶大叫一声，我及时飞走了。

那是一只雄性的菜粉蝶，他的前翅仅有一个显著黑斑，长得真帅！不像雌蝶前翅有两个明显的黑色圆斑。

7月13日

我想念昨天救了我的那只菜粉蝶。他住在哪里呢?他为什么救我呢?

那个家伙不会又
傻乎乎地保护不
好自己吧?

7月14日

人类说我们菜粉蝶是害虫。我觉得我一半是益虫，一半是害虫。

还是菜青虫的时候，我是害虫，吃掉了很多卷心菜叶。可是在我变成美丽的蝴蝶之后，吸食花蜜的时候，顺便也帮助植物传播花粉了呀！

7月15日

小孔雀蛾又来找我了。他答应这次不会撇下我去找他的女伴。在山谷里，我遇见了上次救我的那只雄蝶，他围着我转圈……

于是，我撇下小孔雀蛾跟他飞走了。小孔雀蛾一定也很生气吧？

又见面了！

今天我试着去吃一些野草，味道真是不好。虽然我很不乐意，可是我还得继续吃卷心菜叶。我想当一只真正的益虫，看来是不可能了。

7月17日

我最喜欢的一朵花，美吗？妈妈说内心善良的蝴蝶才最美。花有善良的心吗？反正我是有的。

7月18日
真好吃呀!
慢点吃……

今天，看到一只小茧蜂把卵产在了一只小菜青虫的体内。我大声叫，那只笨笨的菜青虫只顾着吃卷心菜叶，根本不搭理我。唉，过不了多久，他的体液就会被小茧蜂的幼虫吸食干的。我很难过，因为我没办法救他。

7月19日

今天，有个人把菜园子里枯死的植物点着了，火将很多蛹和卵都烧死了，真是可怜啊！

我喜欢在太阳出来的时候尽情地飞舞。天气不暖的时候，我们是不爱动的。我也不知道为什么会这样，一出生就这样。人类不是一出生也要盖被子吗？

今天是阳光明媚的一天，成千上万只蝴蝶聚集在一起，同时飞往一个地方……想想都觉得壮观。人类是不是都被吓呆了呢？

我真想也参加一次这样的迁徙！听说上一次迁徙是好几十年之前的事情，看来我可能赶不上了。

7月22日

今天遇到一只挥过来的网兜，还好我机灵地一躲就飞走了。我平时的努力练习可不是没有用的。为什么要抓我呢？是因为我漂亮吗？我可不想被做成标本一动也不能动。可怕的一天！

好吵啊！
……
别跑，小蝴蝶！

7月23日

中午最热的时候，很多蝴蝶停在小溪附近吸水。什么样的蝴蝶都有。我喜欢躲在远处看他们飞舞。如果我是画家我就要画下来，太漂亮了！也许我该考虑去学画画？

7月24日
我也想飞……
干吗学我？

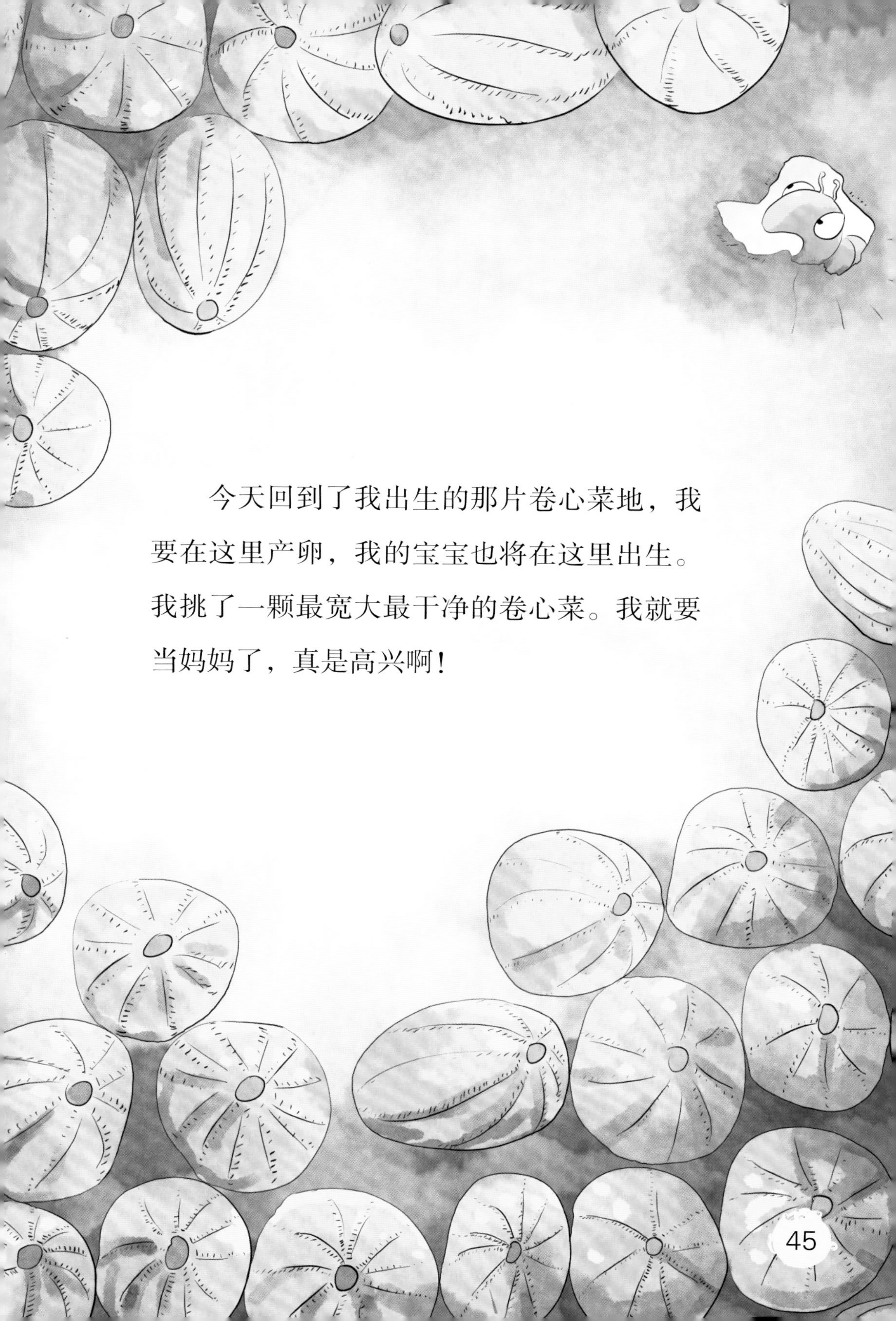

今天回到了我出生的那片卷心菜地，我要在这里产卵，我的宝宝也将在这里出生。我挑了一颗最宽大最干净的卷心菜。我就要当妈妈了，真是高兴啊！

作者介绍

张洋，18年少儿出版策划和创作经历，一个富有童心的人。

主要作品：儿童科普日记《戴耳环的猪》《枫叶喝醉了》；校园家庭生活日记《受委屈的猪》《爸爸长辫子了》《孙悟空的成长日记》（六小龄童先生的自传）；安全教育丛书《玩具家族历险记》系列。其中《戴耳环的猪》《枫叶喝醉了》2004年已销往台湾地区，并荣获台北市立图书馆“好书大家读”奖。